考拉

［美］雷切尔·哈内尔　著

魏春予　译

浙江出版联合集团

浙江文艺出版社

Published in its Original Edition with the title
Koalas
Copyright © 2009 Creative Education. Creative Education is an imprint of
The Creative Company, Mankato, MN, USA.
This edition arranged by Himmer Winco
© for the Chinese edition：Zhejiang Literature and Art Publishing House

本书中文简体字版由北京 **Himmer Winco** 永固兴码 文化传媒有限公司独家授予
浙江文艺出版社有限公司。
版权合同登记号：图字：11-2015-327号

图书在版编目（CIP）数据

考拉/（美）雷切尔·哈内尔著；魏春予译. —杭州：
浙江文艺出版社，2018.1
ISBN 978-7-5339-4798-9

Ⅰ. ①考… Ⅱ. ①雷… ②魏… Ⅲ. ①有袋目－青少
年读物 Ⅳ. ①Q959.82-49

中国版本图书馆CIP数据核字（2017）第045506号

策划统筹 诸婧琦	责任编辑 柳明晔 诸婧琦		
装帧设计 杨瑞霖	责任印制 吴春娟		

考拉

作　　者　[美] 雷切尔·哈内尔
译　　者　魏春予

出　　版　浙江出版联合集团　浙江文艺出版社
地　　址　杭州市体育场路347号
网　　址　www.zjwycbs.cn
经　　销　浙江省新华书店集团有限公司
印　　刷　上海中华商务联合印刷有限公司
开　　本　889毫米×1194毫米　1/12
印　　张　4
插　　页　4
版　　次　2018年1月第1版　2018年1月第1次印刷
书　　号　ISBN 978-7-5339-4798-9
定　　价　29.80 元（精）

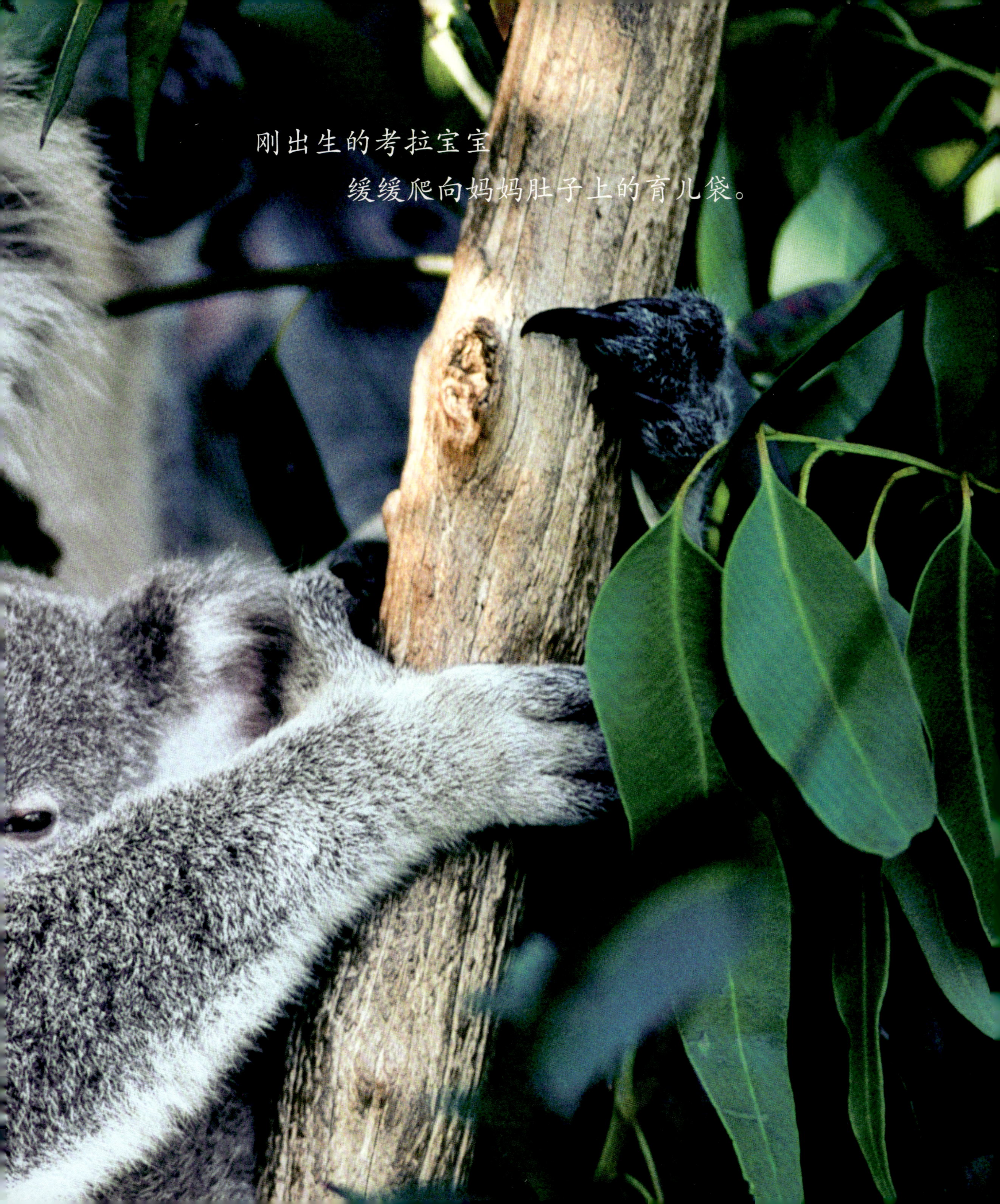

刚出生的考拉宝宝

缓缓爬向妈妈肚子上的育儿袋。

刚出生的考拉宝宝，看上去像湿漉漉的软糖，缓缓爬向妈妈肚子上的育儿袋。它看不见，身上也没有毛，但嗅觉和触觉却很灵敏。小家伙完全依靠直觉来确定方向。

找到育儿袋后，小考拉会在漆黑一片的袋子里安安静静地待 7 个月，渐渐长大，变得强壮。等它准备好出来了，就每天探出头来几分钟，小心翼翼地嗅嗅外面的世界。最后，小考拉会自己爬出育儿袋，爬到妈妈的背上。几个月后，它会脱离母亲，独自在澳大利亚的桉树林中爬上爬下。满一岁后，它将独自面对这个世界。

它们住在哪儿

■ 灰考拉
澳大利亚北部

■ 棕考拉
澳大利亚南部

考拉只生活在澳大利亚。灰考拉和棕考拉是同一个物种，但它们有各自的特点，因此能适应澳大利亚不同气候区的环境。澳大利亚北部的考拉长着厚实的灰毛，而南部的考拉长着棕色的长毛。

是熊，又不是熊

考拉是澳大利亚的特产。世界其他地方都找不到这种动物，毛茸茸的，眼神明亮，还喜欢在树上荡来荡去。考拉的学名是树袋熊（*Phascolarctos cinereus*），意思是"灰色的有袋熊类"。18世纪，第一批登上澳洲大陆的欧洲人认为考拉看上去像小熊。时至今日，还常常听到"考拉熊"的说法，但这种说法其实是错误的。

考拉属于有袋动物，类似袋鼠，在身体前部有一个育儿袋，刚出生的幼崽会生活在育儿袋里。在澳大利亚，有超过170种有袋动物。在这里，和考拉关系最近的是毛鼻袋熊。考拉和毛鼻袋熊的育儿袋都是朝下开口的，开口靠近后腿，和袋鼠朝上开口的育儿袋不同。

"考拉"的名字最初来源于澳大利亚原住民，即土著人。土著人还给考拉取了其他名字，比如

毛鼻袋熊和考拉一样，都是食草动物，主要以草和树根内皮为食。

由于伐木和人工清理，澳大利亚40%的森林都消失了。

考拉以桉树叶为食，身上有一股浓浓的桉树油的味道。这种气味能驱赶寄生虫。

"考波"和"考乐"。有人认为，"考拉"的意思是"不喝水"，因为考拉不用常常喝水。

考拉生活在澳大利亚东海岸的昆士兰州、新南威尔士州、维多利亚州和南澳大利亚州。这些地方气候温暖，却不炎热，温度通常不会超过30℃。考拉栖息在广袤的桉树林中。这些树是考拉唯一的食物来源，一只考拉需要15—20棵桉树才能生存。

我们绝不会把考拉和其他动物搞混。考拉的自然特征给了它与众不同的外表，它们全身的每一处都是为了澳大利亚的森林而生的。考拉长着警醒的圆脑袋、棕黄色的眼睛。它们能准确判断距离，因为考拉喜欢在树枝间跳来跳去。两只耳朵对称地长在脑袋两边，耳朵上还有一绺白色的毛。考拉的鼻子大大的、扁扁的，看上去像黑色橡皮勺子。考拉的嗅觉非常灵敏，能帮它们找到食物和伴侣。

雌雄考拉外表相似，但雌考拉胸前的毛颜色

大部分时间里，考拉都独自待着，吃桉树叶，休息，准备吃更多的桉树叶。

桉树是澳大利亚及其周围岛屿的原生植物，又叫作树胶树、莽树。

更浅，前面还有一个育儿袋。雄考拉的胸前有深色印记，这是它的气味腺体，能用来标记家域和吸引异性。

考拉全身都覆盖着蓬松的灰棕色毛，看上去比实际体形大得多。雄考拉重11—14千克，雌考拉体重略轻一些。四脚着地时，考拉高约60厘米，从头到尾长约90厘米。

比起澳洲大陆南部温暖地带的考拉，北澳大利亚凉爽地区的考拉身上的毛更厚。北部考拉身上的灰毛很短，紧紧地贴在身上，以保存热量。考拉身上有两层毛，第一层是厚毛，每6.5平方厘米内覆盖着几百根毛；第二层是短毛，在厚毛的下面。这两层毛是考拉在恶劣天气中的唯一屏障。考拉不会建造和寻找庇护所，只能尽量在树林中寻求保护。暴雨和狂风天气中，考拉会蜷成一团，用背部抵御狂风大雨的攻击。它们肚子上的毛比较薄，不适合暴露在恶劣的天气环境中。

南部考拉披着长长的棕色毛。微风吹过时，毛

微风吹过南澳考拉的长毛，让它们保持凉爽。

考拉很善于攀爬，且无所畏惧，为了得到一个最佳位置，它们能爬到很高很高的地方。

发会晃动，这有助于空气循环。南部考拉比北部考拉体形大一些。考拉不会出汗，它们通过舔舐前臂来保持凉爽。它们还会坐在树冠高处，把前肢吊挂在树枝上，任其晃悠，通过这种方式来扇风。

考拉看上去憨厚可爱，实际上却出人意料地强壮。考拉是攀爬好手，因为它们必须爬树才能

找到食物——桉树叶。在陆地上，考拉能跑得和兔子一样快。它的两只前肢又长又精瘦，而两只后肢又短又强壮。考拉用两只前肢抱住树干，然后用两只有力的后肢向上推。用这种方式，考拉每推一次能在树干上移动约13厘米。要是想往下爬，它们就反过来做，腿和臀部先往下。

在地面上，考拉的奔跑时速能达到 40 千米。

考拉是少数有指纹的动物之一。考拉的指纹和人的指纹有很多相似之处。

人们习惯叫考拉的前肢为手，叫后肢为腿。考拉的手和人的不一样，它们有三只手指和两只拇指，能轻松地抓住树枝和树叶。而在脚上，五个脚趾中只有一个起拇指的作用。第二和第三根脚趾融为一体，考拉用这两根脚趾来梳毛。它们手掌和脚掌中的爪垫是硬的，有助于攀爬。当考拉在树枝间跳跃，或从树上跳到地下时，爪垫能提供保护。

考拉在森林中优雅来去，无时无刻不在炫耀自己优越的柔韧性。它们能在树枝间荡秋千，能用两条腿加一只手抓住树枝，同时用另一只手探索周围。考拉单凭一条腿就能倒挂在树枝上。考拉的平衡感出众，它们在树枝间穿梭的样子仿佛平衡木上的体操运动员。万一考拉从树上掉下来，身上的爪垫大多数时候也能保护它们。

考拉的寿命最长可以达到 17 年，在这一生中，它通常都不会离自己的出生地太远。只有丛林大火、干旱和人为破坏栖息地可以使考拉不得不离开故乡。

考拉的手和脚天生就是为了攀爬和抓取东西，比如树枝和树叶。

考拉喜欢吃坚韧粗糙的桉树叶，尽管这些树叶不能提供很多能量。

惬意生活

如果你日复一日长时间观察考拉的生活，会觉得很无聊。这种动物每天的生活只有两件事：慢悠悠地咀嚼树枝和树叶、睡觉。考拉酷爱睡觉，一天里16—19小时都在打瞌睡。考拉是夜行动物，也就是说大部分时间都是晚上行动。

考拉的饮食习惯几乎一成不变。它们只吃桉树的树枝和树叶。桉树油闻起来像薄荷味的止咳糖浆，这种油常用在各种药中。这种气味渗透了考拉全身，因此考拉身上总是带着一股薄荷止咳糖浆的味道。

澳大利亚有600—800种桉树。不过，考拉大约只吃其中50种，因为有些种类的桉树有毒。这个月考拉刚吃过的桉树，下个月可能就改头换面，成了有毒的树。考拉强大的嗅觉让它们只需闻闻树叶就能辨别出有毒的桉树。

考拉每天要吃掉0.5—1.5千克树叶。它们独享所有桉树，别的动物都不以桉树为食。进食前，

人们常常能看见熟睡中的考拉。

有时考拉也会换换口味。除了桉树叶，考拉偶尔还会尝尝槲寄生和黄杨树叶子。

考拉其实也喝水，但喝得不多。桉树叶中约三分之二是水，为考拉提供了足够的水分。

考拉会徒手爬上树枝，把树叶塞进嘴巴。考拉的双颊很灵活，在准备好咀嚼前能塞下很多树叶。它们用门牙、犬牙和白齿磨碎树叶，以便吞咽。

桉树叶算不上容易消化，考拉独特的消化系统让它们能顺利分解食物。食物从胃出发，经过肠道，接着在盲肠储存起来，直到身体准备好分解、消化食物，转化成能量。通过这种有限的饮食方式，考拉无法获得过多能量。也因此，它们行动缓慢，吃得很多，睡得很多。

考拉在繁殖期表现相对活跃，通常在9月到来年1月（澳大利亚的夏季）。考拉只有在交配期才会聚在一起，其他时候，它们更喜欢独自待着。雄考拉准备求偶时，便会用胸口的腺体在树上留下自己的气味。它们还会大声咆哮，告诉雌考拉自己在附近。考拉深沉的叫声听上去像猪的哼声，也像雷鸣般的打呼声。通常，强势雄考拉的叫声会赶走年轻的雄考拉。年轻雄考拉必须另寻一片没被其他雄性占领的地盘。雌考拉也会咆哮，但她们的颤音音调更高，不像雄考拉的叫声一样常见。

雄考拉在两岁左右开始繁殖，而雌考拉则要等到三到四岁时。在栖息地理想、食物储备充足的条件下，健康的雌考拉每年都能生育一次后代。条件不太理想时，雌考拉可能每两到三年生育一次。

交配成功35天后，小考拉出生。不过，它会在妈妈温暖安全的育儿袋中待六到七个月。在育儿袋中，小考拉吮吸母乳，逐渐成长。通常，考拉一次只生育一只小考拉，双胞胎的情况很罕见。小考拉离开育儿袋后，妈妈会给它们吃流食，这是一种黏稠的绿色物质。这种排出物富含营养，能强化小考拉的消化系统，适应后来吃桉树叶的生活。

小考拉会试着探索外部世界，一开始，它只会爬到妈妈的腿上，犹豫着不敢离开自己的安全地带。慢慢地，它们会越爬越远，最终，它会爬到妈妈的背上。这是雌考拉最喜欢的带孩子的方式。再过一段时间，小考拉会试探性地离开妈妈，

小考拉离开育儿袋后的一段时间里，依然会紧紧跟着妈妈。

心惊胆战地走上树枝。可能会摔下来好几次，也可能会被吓坏，但它总能飞快地回到妈妈身边。慢慢地，它有了信心，离开妈妈的时间也越来越多。考拉宝宝会在妈妈身边待大约一年时间，直到自己能独立生活。到了这时，它们会自己离开，寻找自己的家域，准备组建自己的家庭。有的雌考拉能活到 17 岁，但野生雄考拉的寿命通常是 2 到 10 年，人工饲养的雄考拉则能活 12 到 14 年。

考拉面临的几项最大的威胁都来自大自然。野火烧毁了森林，考拉没了自然栖息地，被逼无奈只能寻找新地方。干旱让树木无法生存，考拉被迫去别的地方寻找健康的桉树。考拉很容易受到衣原体病毒的感染，感染后可能会致盲，还会导致雌考拉无法生育。

考拉面临的另一种危险来自澳大利亚的动物。一般来说，考拉在树上最安全，因此，它们大部分时间都远离地面，待在高高的树上。在陆地上，捕食者——澳洲野犬会攻击考拉。蛇、猫头鹰和

小考拉离开妈妈尝试自己攀爬后，很容易摔下来。

交配后，雄考拉在养育后代的过程中便功成身退，可能一辈子都不会见自己的孩子。

大型热带蛇，例如蟒蛇，能轻而易举地接近藏在树中的考拉。

巨蜥也威胁着考拉的生命。不过，这些捕食者只会袭击小考拉和病考拉。成年健康考拉能凭借自己敏捷的身手飞快逃走，还能用利爪保护自己。

然而，面对人类的伤害时，考拉无能为力。每年，很多考拉因车祸而死。人类和考拉毗邻而居，不少街道都通向考拉居住的森林。跑进高速

公路的考拉，常会发现自己处于川流不息的车流中。整个东澳地区的公路上都布满了路标，提醒司机注意考拉。

澳洲土著不会对考拉构成多大的威胁，但澳洲野犬是很危险的捕食者。

多灾多难的历史

几千年来，考拉和澳大利亚土著共享同一片土地，对这些原住民来说，考拉非常重要。土著可能曾以考拉肉为食，但这不是他们最爱的食物。因此，土著人虽然猎杀考拉，但没有对这种动物的整体数量造成太大的负面影响。

18世纪末期，欧洲人第一次踏上了澳洲大陆，他们记录下所有稀奇生物，并进行了小规模狩猎。关于考拉的第一条记录来自1798年，当时欧洲人认为考拉是一种熊或毛鼻袋熊。随着越来越多的欧洲人在澳大利亚定居，他们砍伐了桉树林，用以建造房屋、城镇和农场。考拉开始撤离，寻找新的栖息地。

又过了一个世纪，大约在1880年，人类开始大规模捕猎考拉。欧洲定居者发现考拉的皮毛制成衣服和毯子后非常保暖，于是全世界对考拉皮毛的需求量剧增。猎人还发现猎杀考拉很容易，

居住在考拉栖息地附近的人们不会让自家的狗到处跑，这样才能避免考拉被袭。

赫伯特·胡佛于1929—1933年任美国第31任总统。

欧洲人第一次观察到考拉行动缓慢且嗜睡后,他们认为桉树叶中含有某种毒素。

因为它们行动相对缓慢,而且不惧怕人类。考拉狩猎持续了近50年才被管制,这把考拉逼到了灭绝的边缘。

考拉皮毛贸易发展得非常迅速。一年内,超过200万张考拉皮被船只运往阿拉斯加。澳大利亚风景中——尤其是澳大利亚南部地区——考拉的身影越来越少。在北澳各州,考拉数量减少到仅有几百只。总体来说,在20世纪初期,澳大利亚仅剩几千只考拉,而曾经,这里生活着几百万只考拉。到了20世纪20年代,澳大利亚人终于意识到如果放任捕猎考拉,这种动物将在几年内灭绝,很多人请求政府宣布捕猎考拉违法。澳大利亚历史上从未有过这样大规模针对动物的民众意见潮。来自社区组织、教会、学校、商界、妇女协会等各个组织的人们,纷纷加入抗议队伍。

民众说服政府通过法律禁止捕猎考拉。但这些法律的实施并不顺利,政府时常屈服于皮毛猎人的压力。但在1927年,未来的美国总统赫伯特·胡

佛，时任商务部长，签署命令禁止美国进口考拉皮。胡佛曾在澳大利亚金矿工作过一段时间，他清楚地知道这种动物对澳大利亚人的重要性。

澳大利亚政府在 20 世纪 30 年代宣布考拉为保护物种。然而，偷猎者非法捕猎考拉的事情仍时有发生。同时，政府没有保护考拉的食物来

为获取皮毛，考拉在 20 世纪上半叶被大量捕杀，性格平和的考拉面临灭绝。

据统计，自欧洲人在澳大利亚定居后，80% 的考拉历史自然栖息地被破坏。

源——桉树。时至今日，桉树林在清理土地的过程中照例被砍伐，考拉面临饥荒的危险。

现在，澳大利亚约有 10 万只考拉，远远少于被捕猎之前的数量。在澳大利亚不同地理区域，考拉的状态从"常见"到"罕见"均有。例如，昆士兰州认为考拉是常见物种，该州东南部除外，那里的考拉是脆弱物种。在南澳大利亚，考拉被认定为罕见物种。南澳大利亚的原始考拉曾因皮毛贸易全部灭绝，现有考拉为 20 世纪 20 年代重新引进的。

直到 1980 年，澳大利亚政府一直禁止出口活考拉。除了澳大利亚，世界上唯一能看到活考拉的地方是美国圣迭戈动物园，这家动物园从 1915 年开始饲养考拉。圣迭戈动物园是世界上唯一一家找到人工饲养考拉方法的动物园。饲养考拉需要特殊的环境，只有严格控制温度，考拉才会觉得舒服。最重要的是，饲养考拉的动物园需要大量种植桉树来满足它们的胃口。随着技术进步和养殖信息推广，如今世界各地的动物园均能看到考拉的身影。

　　由于长相呆萌，考拉在 20 世纪迅速征服了澳大利亚大人和小孩的心。20 世纪 20 年代，澳大利亚人抗议捕猎考拉期间，出现了很多把考拉比作孩子的图片，表明考拉是家庭的一部分。确实，考拉能手脚并用地环抱人，给人"拥抱"，受伤时它们会像人一样哭泣。

　　考拉可爱的形象很快被转化成动画。本耶普·蓝桉是第一批考拉动画形象中的一个，它来自由澳大利亚著名艺术家诺曼·林赛于 1918 年创作的经典童话故事《魔法布丁》。1933 年，另一只卡通考拉，多罗西·沃尔创作的"眨眼比尔"登上荧幕。本耶普·蓝桉和"眨眼比尔"让澳大利亚人和考拉更亲近。很快，考拉的卡通形象出现在全球各地。1987 年，动画片《树熊历险记》在日本播出，后来又登上了美国尼克罗顿儿童频道的节目单。而现在，澳大利亚和美国的孩子能

如今，动物园能为考拉提供最安全的环境，让年轻考拉能学习技能并生存。

喜欢考拉的钱币收藏家特别钟爱这样的动物图案。

把考拉当宠物饲养是违法的，但在 1937 年，一位来自维多利亚州的女士收养了一只孤儿考拉，并起名为爱德华。

观看《神奇无尾熊》，一部以澳洲内陆为背景的动画秀。弗兰克和巴斯特这对考拉兄弟有很多朋友，它们坐着一架两座的小飞机环游世界。

泰迪大概是全世界最著名的考拉形象了，它是澳大利亚航空公司的"考拉代言人"。泰迪是一只来自圣迭戈动物园的考拉，自 1967 年开始出演澳航的广告。在广告中，泰迪很生气，因为澳航让人们能又快又便宜地飞抵澳大利亚，而泰迪更想自己独占这片土地。广告里的泰迪又是走路，又是做手势，拟人的模样深得人们的喜爱。

因为考拉只生活在澳大利亚，它们成了澳大利亚产品的标志，代表了澳大利亚人的"普通百姓"和坚毅精神。澳大利亚人把考拉，连同袋鼠一起，作为国家象征，就像美国的秃鹰一样。

考拉身体柔软，任何姿势下都能入睡，但总是把身体蜷成一个结实的球。

桉树被砍伐，锯成原木，供人们用作燃料和建筑材料。

人们相信，现存的考拉约有 400 万年的历史。

现在，科学家和志愿者仍坚持研究考拉。在校的孩子参与相关活动，例如考拉计数，帮助研究人员深入了解这种动物。每年，几十位研究人员和科学家针对考拉开展各种独立研究项目，他们大多来自澳大利亚的大学。

科学家的常规研究关注考拉的饮食习惯、栖息地和数量。为了跟踪数量，科学家会抓几只考拉，在它们的腿上绑上带子，或在耳朵上打上标签，这些东西都带有追踪装置。这样，研究人员就能准确了解考拉的数量，一旦数量开始减少，就能立刻收到警告。科学家还会用录好的求偶叫声吸引考拉进入开阔地带，以便计数。

为了更多地了解考拉宝宝，近期一项研究围绕着育儿袋展开。考拉的育儿袋有时很脏，边缘有一层硬物。但研究生育期的雌考拉时，研究人员发现这时的育儿袋中有一种干净、清洁的液体。研究表明，这种液体中包含抗菌成分，能保证育儿袋的无菌环境，保障考拉宝宝的健康。

通过研究桉树，科学家能了解哪些物质对考拉有毒。在此基础上，记录考拉吃什么、不吃什么，研究人员就能确定考拉的理想生存环境和对食物的准确要求。这个信息能帮助动物园建造考拉栖息地，以及修复被森林大火、干旱和去森林化破坏的原有野生栖息地。

现在，考拉仍然面临着诸多威胁，包括人为因素和自然因素。但自然灾害降临时，人类总能伸出援手。2007年初，澳大利亚遭遇了历史上最严重的森林大火，维多利亚州弗拉林姆森林中的大量树木被烧毁。救援人员在森林中搜索被烧伤和挨饿的考拉，大部分被人工照料至恢复健康，并送往森林放生。大火烧毁了很多刚种植的新桉树，考拉要等上好几年才能再次回到这片区域。

人类在世界上很多地方影响野生动物的数量。很多人开始喜欢住得离自然越近越好，但这些地方也是动物的栖息地，城市的发展会对栖息

考拉大部分时间喜欢待在树上，在这里它们觉得安全。但如果被逼着游泳，它们也能轻松完成。

森林大火在树的一生中早已
稀松平常，但这会毁掉很多
动物的栖息地。

地带来负面影响。澳大利亚就是个例子，栖息地被破坏是考拉最大的威胁。人们保护考拉本身，但关于考拉栖息地的法律却没能得到强有力的实施。桉树林照样被砍伐用以建造住宅和发展商业，或者发展农业和采矿业。在道路上，每年约有4000只野生考拉死于车祸。人们要求司机在开车经过野生考拉生活的森林时，要保持高度注意力。

澳大利亚有很多保护区，在这里考拉可以放心生活。龙柏考拉保护区位于昆士兰州，建立于1927年，在那之后不久，澳大利亚宣布猎杀考拉违法。龙柏保护区是世界上首个，也是最大的考拉保护区。每年有几千名游客涌向保护区，翘首以盼和考拉亲密接触的机会。在澳大利亚重要城市悉尼的考拉公园保护区，考拉们可以在以假乱真的人造树林中漫游。

有时候，人们对考拉的保护有点过了头，因此需要采取措施限制其数量增长。否则，数量爆

据记载，1880年，第一只考拉被送出澳大利亚，送往伦敦动物园，在那里仅存活了14个月。

有时，考拉吃累了，会直接原地休息打起盹儿来。

发会导致考拉无法找到生存所需的足够食物和空间。在2005年，权威组织为袋鼠岛上超过8000只考拉实施了绝育，以控制考拉的数量。20世纪初，该岛引进了考拉，由于没有天敌和其他危险，庞大的数量在有限的自然资源下难以持续发展。因此，绝育避免了考拉挨饿。

这些措施都是为了考拉的持续发展。澳大利亚人证明了，他们绝不会任可爱的国家标志消失而袖手旁观，人们经常加入各种保护考拉的活动。有人给澳大利亚考拉基金会捐款，成为考拉的"养父母"。据估计，现在约有80%的考拉栖息地位于私人土地，因此政府鼓励住在森林附近的人们种植桉树。在澳大利亚，考拉是九月的主角，因为九月是"保护考拉月"。

保护考拉栖息地和人类侵害之间的战争从未结束，但人们决定绝不重蹈覆辙，不能让考拉再次陷入灭绝的境地。世界越了解考拉身处的困境，

这种毛茸茸的小动物继续茁壮成长的机会就越大，就能继续作为澳大利亚的标志。

毛茸茸的考拉不断受到澳大利亚人和全世界的喜爱。

动物寓言：
考拉男孩

几千年来，考拉和澳大利亚土著一直共享同一片土地。也许是因为考拉秉性温顺平和，土著喜欢用考拉来讲述重要的人生道理。"考拉男孩"的故事告诉人们为什么要尊重动物。

从前，澳大利亚有一个小男孩，由于父母去世了，便和姑姑、姑父住在一起。姑姑和姑父对他很不好。即使他因口渴大哭，他们也只给他一丁点儿水，保证他死不了就行了。他只能吮吸桉树叶来获取水分。

一天，姑姑和姑父去密林中打猎，把男孩一个人扔在家里，他们常常这么做。但和往常不同的是，这次离家打猎，他们忘记把装水的容器藏起来。男孩如饥似渴地喝着容器里的水，决定把剩下的水藏在树上，下次再喝。他爬上了桉树，开始唱歌。歌声里，树越长越高。姑姑和姑父回家的时候，他还在树上。他们发现水和男孩都不见了，立刻开始疯狂寻找。

"看！"姑姑最后说道，"那小子在树上，他把所有的水都带走了！"

他们怒火中烧，但他们怕自己的大嗓门把男孩吓坏了，决定用甜言蜜语把男孩骗下来。

"哦，小乖乖，快从树上下来吧！"他们乞求道，"我们保证不打你。我们保证从现在开始对你好，你想要多少水我们都给你！"

男孩将信将疑，但最后还是相信了他们。他从树上跑了下来。一到地上，姑姑和姑父就变了脸色。男孩意识到自己被骗了，他们用石头和棍子狠狠地打他。

　　但很快，奇怪的事情发生了。男孩变矮，变壮了，身上长满了灰色的毛。他成了一只考拉。靠着两条强壮的大腿，他飞快地跑回树上，跑到了他的水罐边。姑姑和姑父朝着树枝射击，但他们没能把"考拉男孩"射下来。姑父找来一把斧子，开始砍这棵树。他成功了，树倒在了地上。可树倒下来的时候，容器里的水全洒了。水流汇集成一条奔涌的小溪，但很快就干了。而"考拉男孩"消失了，再也没人见过他。

　　从那时起，土著总是很小心，在吃考拉肉时不敢折断考拉的骨头，也不敢剥考拉的皮。不然的话，他们害怕陆地上所有的水都会干掉，所有的粮食作物都会在干旱贫瘠的土地中死去。

小词典

【抗菌性】

能够消灭有害细菌的特性。

【犬牙】

口腔前部的牙齿，比其他牙齿略长，像狗的尖牙。

【去森林化】

通过砍伐、清理和焚烧的方式消除森林，为居住和农业发展提供用地，或是砍伐树木作为自然资源。

【侵占】

逐渐侵入另一方的空间，越过预定的界线。

【巨蜥】

巨型蜥蜴，澳大利亚原生动物。

【门牙】

前面的牙齿，用于切碎食物。

【臼齿】

口腔后部的牙齿，有宽平的表面，用于碾碎食物。

【内陆】

澳大利亚内部遥远、干燥、人烟稀少的地区。

【偷猎者】

不顾法律禁止，猎杀野味的人。

【庇护所】

用于避难或提供保护的地方。

部分参考文献

Defenders of Wildlife. "Koala." Kid's Planet. http://www.kidsplanet.org/factsheets/koala.html.

George, Linda. The Koalas of Australia. Mankato, Minn.: Bridgestone Books, 1998.

Green, Carl R., and William R. Sanford. The Koala. Mankato, Minn.: Crestwood House, 1987.

Hunter, Simon. The Official Koala Handbook. London: Chatto & Windus Limited, 1987.

Lang, Aubrey. Baby Koala. Allston, Mass.: Fitzhenry and Whiteside, 2004.

National Geographic Society. "Creature Feature: Koalas." National Geographic Kids. http://www.nationalgeographic.com/kids/creature_feature/0008/koalas.html.

注意：

我们力保以上罗列的网站在本书出版之际仍保持运营。但由于互联网的特性，我们不能确保这些网站能无限期活跃，也不能保证里面的内容不会改变。

＊本书动物科学知识由浙江大学动物科学学院徐子叶女士审订。

考拉体形庞大的祖先生活在几百万
年前的雨林中。